シリーズ5**倍と単位当たり（整数範囲）**について

５年生で学習する単位当たり量・割合の理解には、量の扱いにどれだけ慣れているかが大きく影響します。そこで、**４年生までに学習する整数の計算で倍や単位当たりの概念に慣れておく**ことができる様にこのテキストを作成しました。

このテキストのねらい

倍の概念を整数倍の範囲で十分に慣れさせる。単位当たり量を倍の概念と重ね合わせて理解させる。割合、比例の概念の基礎をつくる。

算数思考力練習帳シリーズについて

ある問題について、同じ種類・同じレベルの問題を**くりかえし練習**することによって確かな定着が得られます。

そこで、中学入試につながる**文章題や量**について、同種類・同レベルの問題を**くりかえし練習**することができる教材を、作成しました。

指導上の注意

① 解けない問題・本人が悩んでいる問題については、お母さん（お父さん）が説明してあげてください。その時に、できるだけ**具体的**な物に例えて説明してあげると良く分かります。（例えば実際に目の前に鉛筆を並べて数えさせるなど。）

② お母さん（お父さん）はあくまでも補助で、問題を解くのはお子さん本人です。お子さんの**達成感**を満たすためには、最後の答えまで教え込まず、**ヒント**を与える程度に止め、本人が**自力**で答えを出すのを待ってあげて下さい。

③ 子供のやる気が低くなってきていると感じたら、**無理にさせない**で下さい。お子さんが興味を示す別の問題をさせるのも良いでしょう。

④ 丸つけは、その場でしてあげてください。**フィードバック**（自分のやった行為が正しかったかどうか評価を受けること）は**早ければ早いほど**本人の学習意欲と定着につながります。

以上

目　次　（倍と単位当たり・整数範囲）

倍（1）　Ａは B の □ 倍

①５０円は１０円の □ 倍。

②５０円は２５円の □ 倍。

③１００ｍは２０ｍの □ 倍。

④１００ｍは２５ｍの □ 倍。

⑤１２０ｇは４０ｇの □ 倍。

⑥１２０ｇは３０ｇの □ 倍。

⑦8ℓ の □ 倍は１６ℓ。

⑧8ℓ の □ 倍は４８ℓ。

⑨２０㎝の □ 倍は８０㎝。

⑩２０㎝の □ 倍は１４０㎝。

倍（1）　AはBの □ 倍

①５６円は８円の □ 倍。

②６９円は２３円の □ 倍。

③１４４ｍは２４ｍの □ 倍。

④１９８ｍは１８ｍの □ 倍。

⑤１０２ｇは１７ｇの □ 倍。

⑥１７１ｇは１９ｇの □ 倍。

⑦7ℓ の □ 倍は８４ℓ 。

⑧6ℓ の □ 倍は８４ℓ 。

⑨１４㎝の □ 倍は９８㎝。

⑩４３㎝の □ 倍は２５８㎝。

倍（2）　　AのB倍は □

①４００円の２倍は □ 円。

②４００円の７倍は □ 円。

③２４㎠の３倍は □ ㎠。

④２６㎠の４倍は □ ㎠。

⑤１５ℓ の３倍は □ ℓ 。

⑥２３ℓ の５倍は □ ℓ 。

⑦ □ ｇは２６ｇの４倍。

⑧ □ ｇは３５ｇの５倍。

⑨ □ ㎝は２８㎝の６倍。

⑩ □ ㎝は４３㎝の３倍。

倍（2）　　AのB倍は □

①２５０円の２倍は □ 円。

②３６円の１６倍は □ 円。

③ □ ㎠は２７㎠の５倍。

④３０㎠の７倍は □ ㎠。

⑤４５ℓ の５倍は □ ℓ 。

⑥ □ ℓ は６５ℓ の４倍。

⑦ □ ｇは４７ｇの３倍。

⑧ □ ｇは２２ｇの１３倍。

⑨５３㎝の４倍は □ ㎝。

⑩ □ ㎝は６７㎝の３倍。

倍（3）　Aは □ のB倍

①１２０円は □ 円の３倍。

②１２０円は □ 円の２倍。

③１８０ｍは □ ｍの９倍。

④１８０ｍは □ ｍの１５倍。

⑤１６０ｇは □ ｇの８倍。

⑥２０４ｇは □ ｇの６倍。

⑦ □ ℓの１２倍は４２０ℓ。

⑧ □ ℓの２３倍は８２８ℓ。

⑨ □ ㎝の１９倍は３９９㎝。

⑩ □ ㎝の８倍は４８０㎝。

倍（3）　　Aは □ のB倍

①２６０円は □ 円の１３倍。

② □ 円の４倍は１２０円。

③２１６ｍは □ ｍの９倍。

④５３２ｍは □ ｍの１４倍。

⑤５４４ｇは □ ｇの１７倍。

⑥１９２ｇは □ ｇの３２倍。

⑦ □ ℓの３５倍は２８０ℓ。

⑧ □ ℓの３倍は５７６ℓ。

⑨ □ ㎝の２１倍は２７３㎝。

⑩ □ ㎝の７倍は４９７㎝。

倍（4）　　（1）と（2）の混合

①２４０ｇは１５ｇの □ 倍。

②３７㎝の □ 倍は２２２㎝。

③ □ ㎠は３６㎠の３倍。

④４２ℓの □ 倍は１６８ℓ。

⑤２７ℓの □ 倍は１０８ℓ。

⑥２９０円の３倍は □ 円。

⑦２０ℓの１４倍は □ ℓ。

⑧２０５㎠の３倍は □ ㎠。

⑨１８㎝の □ 倍は１９８㎝。

⑩７９円の８倍は □ 円。

倍（4）　　（1）と（2）の混合

①２２０円の４倍は □ 円。

②２９㎝の □ 倍は１７４㎝。

③ □ ㎠は３４㎠の３倍。

④８０円の７倍は □ 円。

⑤１６ℓの □ 倍は２０８ℓ。

⑥２８０ｇは３５ｇの □ 倍。

⑦２３ℓの１２倍は □ ℓ。

⑧２５㎠の５倍は □ ㎠。

⑨２９㎝の □ 倍は１７４㎝。

⑩４５ℓの □ 倍は１３５ℓ。

倍（5）　　（1）と（3）の混合

①６０円は１５円の □ 倍。

② □ ℓの１５倍は４２０ℓ。

③１５６ｍは２６ｍの □ 倍。

④ □ cmの６倍は２１６cm。

⑤６１２ｇは３４ｇの □ 倍。

⑥８３２ｇは □ ｇの１６倍。

⑦６９６円は２９円の □ 倍。

⑧ □ ℓの１７倍は５７８ℓ。

⑨ □ cmの２３倍は３２２cm。

⑩１５０ｍは２５ｍの □ 倍。

倍（5）　　（1）と（3）の混合

①７０円は１４円の □ 倍。

②６８０円は３４円の □ 倍。

③ □ ℓの１３倍は４６８ℓ。

④ □ ℓの２４倍は３６０ℓ。

⑤３６０ｇは７２ｇの □ 倍。

⑥７４４ｇは □ ｇの６２倍。

⑦ □ ㎝の７倍は２２４㎝。

⑧１８９ｍは２１ｍの □ 倍。

⑨ □ ㎝の５倍は１２０㎝。

⑩１８０ｍは４５ｍの □ 倍。

倍（6）　　（2）と（3）の混合

①１３０円の３倍は □ 円。

② □ ℓ の７倍は３５ℓ 。

③ □ ㎝の１７倍は４０８㎝。

④２４㎠の６倍は □ ㎠。

⑤１２０ℓ の５倍は □ ℓ 。

⑥１８０ｇは □ ｇの３０倍。

⑦ □ ℓ の２５倍は４００ℓ 。

⑧２７０円の３倍は □ 円。

⑨３６㎠の９倍は □ ㎠。

⑩ □ ㎝の１５倍は４８０㎝。

倍（6）　　（2）と（3）の混合

①３２円の８倍は □ 円。

② □ ℓ の１５倍は３０ℓ 。

③５４ℓ の６倍は □ ℓ 。

④４５㎠の９倍は □ ㎠。

⑤ □ ㎝の１３倍は５２㎝。

⑥３４㎠の２倍は □ ㎠。

⑦ □ ℓ の２６倍は２６０ℓ 。

⑧3円の３６倍は □ 円。

⑨１８ｇは □ ｇの６倍。

⑩ □ ㎝の８倍は７７６㎝。

倍（7）　混合

①６０円は１２円の □ 倍。

② □ cmの２３倍は３４５cm。

③ □ ℓの６倍は１０２ℓ。

④４２ｍは２１ｍの □ 倍。

⑤ □ kgの１４倍は１１２kg。

⑥３７８cmは６３cmの □ 倍。

⑦ □ ℓは２０ℓの４倍。

⑧７２円は１８円の □ 倍。

⑨３５ℓの７倍は □ ℓ。

⑩ □ cmの８１倍は２４３cm。

倍（7）　　混合

①２２８mは３８mの □ 倍。

② □ cmの２９倍は１４５cm。

③３８ℓ の１２倍は □ ℓ 。

④４６mは２mの □ 倍。

⑤ □ ℓ の３４倍は５４４ℓ 。

⑥６００円は８円の □ 倍。

⑦ □ ℓ は２９ℓ の３倍。

⑧３９０円は６５円の □ 倍。

⑨ □ ℓ の１３倍は１６９ℓ 。

⑩ □ cmの６１倍は２４４cm。

倍（7）　　混合

①２２４ｍは３２ｍの [ ] 倍。

② [ ] cmの２９倍は２３２cm。

③ [ ] ℓの１３倍は２７３ℓ。

④８４分は１４分の [ ] 倍。

⑤ [ ] ℓの１５倍は４０５ℓ。

⑥７２円は１２円の [ ] 倍。

⑦ [ ] ℓは３５ℓの５倍。

⑧７２円は２４円の [ ] 倍。

⑨４２ℓの７倍は [ ] ℓ。

⑩ [ ] cmの１７倍は４４２cm。

倍（7）　混合

①７００円は２８円の □ 倍。

② □ cmの６１倍は６７１cm。

③１４ℓ の７倍は □ ℓ 。

④２５２mは６３mの □ 倍。

⑤ □ gの１８倍は４５０g。

⑥４７４mは７９mの □ 倍。

⑦ □ ℓ は１２ℓ の６倍。

⑧４５０円は７５円の □ 倍。

⑨ □ 枚の１７倍は２８９枚。

⑩ □ cmの２４倍は７４４cm。

単位（１）　１当たりの量を求める

①２コが　４０円の　たこやきは　１コ［　　　］円です。

②２ｍが　７０円の　リボンは　１ｍ当たり［　　　］円です。

③３ℓが　２４０円の　ミルクは　１ℓ［　　　］円です。

④５分で　１８０ｍ歩く速さは　１分当たり［　　　］ｍです。

⑤１２０ｇが　４ｍの　はりがねは　１ｍでは［　　　］ｇです。

⑥３ｇが　２４００円の　ゴールドは　１ｇ［　　　］円です。

⑦１コ［　　　］円の　みかんは　２コで　９０円です。

⑧１ぴきが［　　　］円の　魚は　６ぴきで　４８０円です。

⑨１コ［　　　］円の　ガムは　１２コで　９６０円です。

⑩１人に［　　　］本の　えんぴつを配（くば）ると　３５本は　７人分（ぶん）です。

単位（1）　1当たりの量を求める

①3コが　150円の　リンゴは　1コ［　　］円です。

②1羽が［　　］円の　鳥は　4羽で　800円です。

③13ℓが　650円の　お茶は　1ℓ［　　］円です。

④1コ［　　］円の　いちごは　16コで　480円です。

⑤144gが　9mの　はりがねは　1mでは［　　］gです。

⑥6本が　450円の　えんぴつは　1本当たり［　　］円です。

⑦12分で　840m歩く速さは　1分では［　　］mです。

⑧4mが　108円の　リボンは　1m当たり［　　］円です。

⑨1時間当たり［　　］km進むと　3時間では　24km進みます。

⑩1人に［　　］冊の　ノートを配（くば）ると　40冊は　5人分（ぶん）です。

単位（2）　A当たりの量を求める

①1コ65円の　みかんは　[　　　]　コで　130円です。

②　[　　　]　mが　120円の　リボンは　1m当たり30円です。

③1ぴきが64円の　魚は　[　　　]　びきで　192円です。

④　[　　　]　分で　200m歩く速さは　1分当たり40mです。

⑤360gが　[　　　]　mの　はりがねは　1mでは30gです。

⑥　[　　　]　kgが　4200円の　お米は　1kg600円です。

⑦　[　　　]　コが　68円の　たこやきは　1コ17円です。

⑧　[　　　]　ℓが　360円の　ミルクは　1ℓ　90円です。

⑨1コ35円の　ガムは　[　　　]　コで　490円です。

⑩1人に6本の　えんぴつを配（くば）ると　138本は　[　　　]　人分（ぶん）です。

単位（2）　A当たりの量を求める

①1コ150円の　リンゴは　[　　]　コで　750円です。

②　[　　]　mが　528円の　リボンは　1m当たり44円です。

③1ぴきが95円の　魚は　[　　]　ぴきで　760円です。

④　[　　]　分で　280m歩く速さは　1分当たり70mです。

⑤325gが　[　　]　mの　はりがねは　1mでは25gです。

⑥　[　　]　kgが　1650円の　お米は　1kg550円です。

⑦1コ45円の　ガムは　[　　]　コで　495円です。

⑧　[　　]　ℓが　500円の　ミルクは　1ℓ 125円です。

⑨　[　　]　コが　384円の　たこやきは　1コ24円です。

⑩1人に12本の　えんぴつを配（くば）ると　96本は　[　　]　人分（ぶん）です。

単位（3）　Ａ当たりのＢを求める

①１コ３４円の　ガムは　１３コで　[　　　]　円です。

②５ひきが　[　　　]　ｇの　魚は　１ぴき当たり１３５ｇです。

③３２ℓ が　[　　　]　円の　お茶は　１ℓ １５円です。

④１コ１４０円の　はさみは　６コで　[　　　]　円です。

⑤１枚１７円の　色紙は　２３枚で　[　　　]　円です。

⑥１ｍ８７円の　リボンは　７ｍで　[　　　]　円です。

⑦９人に　[　　　]　枚の色紙を配(くば)ると　１人当たりは１３枚です。

⑧１分当たり６５ｍ歩くと　[　　　]　ｍ歩くのに　８分かかる。

⑨家から学校まで　[　　　]　ｍあるので　１分当たり７０ｍの速さで歩くと　１２分かかります。

⑩１㎞進むのに３分かかると　１９㎞進むのには　[　　　]　分かかる。

単位（3）　Ａ当たりのＢを求める

①１コ８０円の　消しゴムは　７コで　□　円です。

②１ｍ１６０円の　リボンは　８ｍで　□　円です。

③１８ℓが　□　円の　水は　１ℓ　３０円です。

④１分当たり８５ｍ歩くと　□　ｍ歩くのに　３分かかる。

⑤１ℓ　１５０円の　ジュースは　４ℓで　□　円です。

⑥２１ぴきが　□　ｇの　魚は　１ぴき当たり９０ｇです。

⑦１３人に　□　枚の色紙を配（くば）ると　１人当たりは４枚です。

⑧１本当たり８５円の　えんぴつは　５本で　□　円です。

⑨　□　ｍ走るのに　８分かかる速さは　１分当たり１２０ｍです。

⑩１㎞進むのに１２分かかると　７㎞進むのには　□　分かかる。

単位（4）　（1）と（2）の混合

①3コが　120円の　たこやきは　1コ □ 円です。

② □ コが　120円の　たこやきは　1コ30円です。

③4ℓが　240円の　ミルクは　1ℓ □ 円です。

④ □ ℓが　280円の　ミルクは　1ℓ 140円です。

⑤144gが　9mのはりがねは　1m当たり □ gです。

⑥ □ kgが　3600円の　お米は　1kg400円です。

⑦12mが　240円の　リボンは　1m当たり □ 円です。

⑧7分で　420m歩く速さでは　1分当たり □ m進みます。

⑨1コ55円の　ガムは □ コで　715円です。

⑩1人に8本の　えんぴつを配（くば）ると　216本は □ 人分（ぶん）です。

単位（4）　（1）と（2）の混合

①１時間当たり □ km進むと　６時間では　３６km進みます。

② □ mが　７３５円の　リボンは　１m当たり３５円です。

③１ぴきが８０円の　魚は　□ ひきで　９６０円です。

④7分で　８４０m歩く速さでは　１分で □ m進みます。

⑤７３６ｇが　□ mの　はりがねは　１mでは４６ｇです。

⑥８本が　６００円の　えんぴつは　１本当たり □ 円です。

⑦ □ 分で　４７６m歩く速さは　１分当たり６８mです。

⑧９mが　１１７円の　リボンは　１m当たり □ 円です。

⑨１コ１３５円の　リンゴは　□ コで　５４０円です。

⑩１人に □ 冊の　ノートを配（くば）ると　４８冊は　３人分（ぶん）です。

単位（５）　（１）と（３）の混合

①１コ２８円の　ガムは　１２コで　□　円です。

②１コ　□　円の　みかんは　３コで　９６円です。

③１コ　□　円の　ガムは　６コで　２７０円です。

④１コ２３０円の　ケーキは　６コで　□　円です。

⑤１枚２６円の　画用紙は　１４枚で　□　円です。

⑥５ｇが　２７００円の　プラチナは　１ｇ　□　円です。

⑦１６ぴきが　□　ｇの　カエルは　１ぴき当たり９０ｇです。

⑧１ぴきが　□　円の　金魚(きんぎょ)は　１３びきで　５８５円です。

⑨２０ℓ が　□　円の　お茶は　１ℓ ３８円です。

⑩１人に　□　本の　竹ひごを配(くば)ると　３２本は　８人分(ぶん)です。

単位（5）　（1）と（3）の混合

①4コが　480円の　ボールは　1コ □ 円です。

②1羽が □ 円の　ひよこは　6羽で　180円です。

③12人に　□ 枚の色紙を配（くば）ると　1人当たりは9枚です。

④1コ □ 円の　いちごは　6コで　258円です。

⑤家から駅まで □ mあるので　　1分当たり80mで歩くと　14分かかります。

⑥17ひきが　□ gの　魚は　1ぴき当たり60gです。

⑦9ℓが　540円の　お茶は　1ℓ □ 円です。

⑧1本が65円の　えんぴつは　8本で □ 円です。

⑨168gが　3mの　はりがねは　1mでは □ gです。

⑩1km進むのに6分かかると　17km進むのには　□ 分かかる。

単位（6）　（2）と（3）の混合

①1分当たり75m歩くと [　　] m歩くのに　6分かかる。

② [　　] mが　180円の　リボンは　1m当たり15円です。

③魚を焼くのに1ぴき当たり6分かかります。 [　　] ひきでは
78分かかります。

④家から学校まで [　　] mあるので　1分当たり95mの速さで歩くと　9分かかります。

⑤288gが [　　] mの　はりがねは　1mでは32gです。

⑥1m77円の　リボンは　11mで [　　] 円です。

⑦3人に [　　] 枚の色紙を配（くば）ると　1人当たりは12枚です。

⑧1コ45円の　みかんは [　　] コで　135円です。

⑨ [　　] 分で　250m歩く速さは　1分当たり50mです。

⑩1km進むのに4分かかると　7km進むのには [　　] 分かかる。

単位（6）　（2）と（3）の混合

①１コ７５円の　消しゴムは　５コで　□　円です。

②１コ３０円の　ガムは　□　コで　３９０円です。

③8ℓ が　□　円の　水は　1ℓ ３２円です。

④　□　コが　４４８円の　たこやきは　１コ２８円です。

⑤1ℓ １３０円の　ジュースは　１３ℓ で　□　円です。

⑥　□　kgが　１２００円の　お米は　１kg４００円です。

⑦１m１２５円の　リボンは　５mで　□　円です。

⑧　□　ℓ が　３２４円の　ミルクは　1ℓ １０８円です。

⑨１分当たり９０m歩くと　□　m歩くのに　９分かかる。

⑩１人に６本の　えんぴつを配(くば)ると　１２０本は　□　人分(ぶん)です。

単位（７）　混合

①１コ３０円の　ガムは　１２コで　□　円です。

②１コ３０円の　ガムは　□　コで　４２０円です。

③６ｇが　２４００円の　ゴールドは　１ｇ　□　円です。

④１コ１５６円の　はさみは　３コで　□　円です。

⑤１４４ｇが　９ｍの　はりがねは　１ｍでは　□　ｇです。

⑥１８ℓ が　□　円の　お茶は　１ℓ ２０円です。

⑦１コ　□　円の　みかんは　３コで　４８円です。

⑧　□　ℓ が　３８０円の　ミルクは　１ℓ １９０円です。

⑨３びきが　□　ｇの　魚は　１ぴき当たり３００ｇです。

⑩１人に８本の　えんぴつを配（くば）ると　１４４本は　□　人分（ぶん）です。

単位（7）　混合

①１コ４５円の　みかんは　[　　]　コで　４０５円です。

②１ｍ３６円の　リボンは　６ｍで　[　　]　円です。

③１コ　[　　]　円の　ガムは　５コで　１２０円です。

④　[　　]　分で　２１６ｍ歩く速さは　１分当たり７２ｍです。

⑤１枚２０円の　色紙は　４枚で　[　　]　円です。

⑥　[　　]　ｍが　１０５円の　リボンは　１ｍ当たり３５円です。

⑦３人に　[　　]　枚の色紙を配(くば)ると　１人当たりは１５枚です。

⑧１ぴきが　[　　]　円の　魚は　７ひきで　４２０円です。

⑨１ぴきが６０円の　魚は　[　　]　ぴきで　６００円です。

⑩１人に　[　　]　本の　えんぴつを配(くば)ると　４６本は　２人分(ぶん)です。

単位（7）　混合

①１コ４５円の　消しゴムは　９コで　□　円です。

②９１ｇが　□　ｍの　はりがねは　１ｍでは１３ｇです。

③１時間当たり　□　km進むと　４時間では　４４km進みます。

④　□　分で　２９１ｍ歩く速さは　１分当たり９７ｍです。

⑤１ｍ２６０円の　リボンは　５ｍで　□　円です。

⑥　□　kgが　２６００円の　お米は　１kg６５０円です。

⑦７分で　８４０ｍ歩く速さは　１分では　□　ｍです。

⑧８ｍが　１３６円の　リボンは　１ｍ当たり　□　円です。

⑨１４ℓが　□　円の　水は　１ℓ　４０円です。

⑩１人に　□　冊の　ノートを配（くば）ると　８０冊は　１６人分（ぶん）です。

単位（7）　混合

①１コ７５円の　リンゴは　□　コで　９００円です。

②１７１ｇが　９ｍの　はりがねは　１ｍでは　□　ｇです。

③　□　ｍ走るのに　３分かかる速さは　１分当たり１５０ｍです。

④１コ　□　円の　いちごは　１３コで　５２０円です。

⑤　□　ｍが　２４５円の　リボンは　１ｍ当たり４９円です。

⑥８本が　５２０円の　えんぴつは　１本当たり　□　円です。

⑦１６人に　□　枚の色紙を配（くば）ると　１人当たりは６枚です。

⑧１本当たり９０円の　えんぴつは　１０本で　□　円です。

⑨１ぴきが７０円の　魚は　□　ひきで　６３０円です。

⑩１㎞進むの１８分かかると　６㎞進むのには　□　分かかる。

単位（8）　A当たりBから、C当たりの□。その1

①2ｍが　８０円の　リボンは　１ｍ当たり□円なので、

３ｍは□円になる。

②3コが　１５０円の　たこやきは　１コ□円なので、７

コでは□円になる。

③5ℓが　３００円の　ミルクは　１ℓ当たり□円なので、

１３ℓでは□円になる。

④6分で　４２０ｍ歩く速さは　１分当たり□ｍになるの

で　４分で歩くみちのりは□ｍになる。

⑤1コ□円の　ガムは　８コで　９６０円になり、１７コ

では□円となる。

単位（8）　A当たりBから、C当たりの［　］。その2

①1人に［　　］本ずつの　えんぴつを配(くば)ると　35本は　7人分(ぶん)で［　　］本は　5人分となる。

②7コが　140円の　たこやきは　1コ［　　］円なので、4コでは［　　］円になる。

③1時間当たり［　　］km進むと　6時間では　48km進み、9時間では［　　］km進む。

④7分で　420m歩く速さは　1分当たり［　　］mになるので　3分で歩くみちのりは［　　］mになる。

⑤1コ［　　］円の　ガムは　7コで　560円になり、21コでは［　　］円となる。

単位（8）　A当たりBから、C当たりの □ 。その3

①１ぴきが □ 円の魚の　３びき分の代金（だいきん）は　１８６円で、

５ひきの代金は □ 円です。

②７kgが　４９００円の　お米は　１kg □ 円なので、　９kgでは □ 円になります。

③１人に □ 本の　えんぴつを配（くば）ると　１０４本は　８人に配れて、 □ 本だと３人に配れます。

④１７mが３４０gの　はりがねは　１mでは □ gなので、

２３mでは □ gになる。

⑤色紙１８枚が　２１６円のとき　１枚当たり □ 円となり、

色紙は　１１枚で □ 円です。

単位（9）　A当たりBから、Cは □ 当たり。その1

①4mが　96円の　リボンは　1m当たり □ 円なので、

□ mは312円になる。

②7コが　245円の　たこやきは　1コ □ 円なので、

□ コでは175円になる。

③4ℓが　280円の　ミルクは　1ℓ当たり □ 円なので、

□ ℓでは　1260円になる。

④8分で　640m歩く速さは　1分当たり □ mになるので

□ 分で歩くみちのりは1040mになる。

⑤1コ □ 円の　ガムは　260円で　4コ買える、　また

845円では、□ コ買える。

単位（9）　A当たりBから、Cは □ 当たり。その2

①8コで　288円の　みかんは　1コ当たり □ 円となり、

□ コで　252円です。

②9mが　126円の　リボンは　1m当たり □ 円で、

□ mは574円となる。

③1ぴきが □ 円の　魚は　□ ひきで　180円で、

7ひきは105円です。

④4分で　300m歩く速さは　1分当たり □ mとなり、

□ 分では975m進む。

⑤360gが　4mの　はりがねは　1mでは □ gです。

また、□ m分の重さは630gです。

単位（9）　A当たりBから、Cは □ 当たり。その3

①3コが　96円の　ドラやきは　1コ当たり □ 円なので、

□ コは416円になる。

②5分で　320m歩く速さは　1分当たり □ mとなり、

□ 分では512m進む。

③11ℓが　275円の　お茶は　1ℓ当たり □ 円なので、

□ ℓでは　800円になる。

④12コが　660円の　たこやきは　1コ □ 円なので、

□ コでは495円になる。

⑤480gが　4mの　はりがねは　1mでは □ gです。

また、□ m分の重さは600gです。

単位（10）　（8）と（9）の混合

①１４mが９１０円の　リボンは　１m当たり □ 円なので、

１７mは □ 円になる。

②６分で　３３０m歩く速さは　１分当たり □ mになるので □ 分で歩くみちのりは１２６５mになる。

③３ℓが　４０５円の　ミルクは　１ℓ当たり □ 円なので、

□ ℓでは　１７５５円になる。

④９コが　３２４円の　たこやきは　１コ □ 円なので、５コでは □ 円になる。

⑤１コ □ 円の　ガムは　２８５円で　３コ買える、　また

６６５円では、 □ コ買える。

単位（10）　（8）と（9）の混合

①２０コで　３００円の　みかんは　１コ当たり［　　］円となり、［　　］コで　４３５円です。

②１６分で８００m歩く速さは　１分当たり［　　］mになるので　１３分で歩くみちのりは［　　］mになる。

③１時間当たり［　　］km進むと　５時間では　２０km進み、３時間では［　　］km進む。

④６mが　１５０円の　リボンは　１m当たり［　　］円で、［　　］mは４５０円となる。

⑤１コ［　　］円の　ガムは　１２コで５４０円になり、１９コでは［　　］円となる。

単位（10）　（8）と（9）の混合

①５ｍが３２０円のリボンは □ ｍでは７０４円になる。

②７分で４２０ｍの速さで　５分で歩くと □ ｍ進む。

③６ℓ で３００円のミルクは　１３ℓ では □ 円になる。

④８コが２８０円のたこやきは □ コで４５５円になる。

⑤１５コで３７５円のガムは　１８コでは □ 円となる。

⑥９１本のえんぴつを７人に配（くば）るのと同じように □ 本だと１３人に配れます。

⑦ □ ひきで２５５円の魚は　６ぴきでは９０円です。

⑧５枚で９０円の色紙は　１４枚で □ 円です。

⑨１５ℓ が５１０円のお茶は □ ℓ では７８２円になる。

⑩６コが３９０円の　ドラやきは □ コでは８４５円になる。

単位（11）　（8）を倍で求める　　その１

①２個が３０円のたこやきが　４個だと個数は［　　］倍になる

　ので代金も同じように［　　］倍になって［　　］円になる。

②３個が５０円のたこやきが　６個だと個数は［　　］倍になる

　ので代金も同じように［　　］倍になって［　　］円になる。

③２個が５０円のたこやきが　６個だと個数は［　　］倍になる

　ので代金も同じように［　　］倍になって［　　］円になる。

④２ｍが１００円のリボンが　８ｍだと長さは［　　］倍になる

　ので代金も同じように［　　］倍になって［　　］円になる。

⑤３ｍが１００円のリボンが１５ｍだと長さは［　　］倍になる

　ので代金も同じように［　　］倍になって［　　］円になる。

単位（11）　（8）を倍で求める　　　その2

①７分で４２０ｍ進む速さで　１４分間（かん）歩くと時間が □ 倍になるので１４分で □ ｍ進む。

②７ℓ で３００円のミルクは　２１ℓ では量（りょう）が □ 倍になるので２１ℓ では □ 円になる。

③５枚で６３円の色紙は　２０枚では枚数が □ 倍になるので、２０枚では □ 円です。

④４コで３７５円のガムは　２０コでは個数が □ 倍になるので代金は □ 円となる。

⑤３人のグループに５００ｇのねんどを配（くば）るのと同じように９人のグループにねんどを配りたい。人数が □ 倍になるので、ねんどの量も □ 倍になって □ ｇとすればよい。

単位（11）　（8）を倍で求める　　その3

①5mが320円のリボンは10mでは □ 円になる。

②7分で200mの速さで28分間で歩くと □ m進む。

③6ℓで250円のミルクは　18ℓでは □ 円になる。

④8コが300円のたこやきは　40コで □ 円になる。

⑤3コで375円のガムは　18コでは □ 円となる。

⑥2kgのねんどを7人に配（くば）るのと同じように □ kgだと
21人に配れます。

⑦3びきで □ 円の魚は　6ぴきでは200円です。

⑧5枚で130円の色紙は　15枚では □ 円です。

⑨15gが174円のお茶は　45gでは □ 円になる。

⑩6コが200円の　ドラやきは24コで □ 円になる。

単位（12）　（9）を倍で求める　　その1

①2分で３００mの速さで　６００m歩くと道のりが □ 倍になるので６００m進むのに □ 分かかる。

②7ℓ で２００円のミルクは　６００円では代金が □ 倍になるので６００円分のミルクは □ ℓ になる。

③3枚で２５円の色紙は、１００円では代金が □ 倍になるので、１００円分の枚数は □ 枚です。

④5コで１２４円のガムは　６２０円では値段（ねだん）は □ 倍になるのでガムの個数は □ コとなる。

⑤２７人に４３kgのねんどを配（くば）るのと同じように１７２kgのねんどを配りたい。ねんどの量は □ 倍になるので　人数も □ 倍になって、 □ 人に配れる。

単位（12）　（9）を倍で求める　　　その2

①３コで３２０円のチョコレートでは、代金を［　　］倍の

６４０円にすると、チョコレートの個数は［　　］コとなる。

②6ℓ で９５円のお茶は　８５５円では代金が［　　］倍に

なるので８５５円分のお茶は［　　］ℓ になる。

③４枚で３５円の色紙は、２１０円では代金が［　　］倍になる

ので、２１０円分の枚数は［　　］枚です。

④１７分で３１㎞の速さで　４０３㎞進むと道のりが［　　］倍

になるので４０３㎞進むのに［　　］分かかる。

⑤６人に４２枚の画用紙を配（くば）るのと同じように２９４枚の画用紙を

配りたい。画用紙の枚数は［　　］倍になるので　人数も

［　　］倍になって、［　　］人に配れる。

単位（12）　（9）を倍で求める　その3

①３ｍが１００円のリボンは □ ｍでは４００円になる。

②４分で３００ｍの速さで □ 分間(かん)歩くと６００ｍ進む。

③２ℓ で１２５円のミルクは □ ℓ では５００円になる。

④１０コが１２０円のたこやきは □ コで７２０円になる。

⑤３コで６４円のガムは □ コでは４４８円となる。

⑥１３本のえんぴつを６人に配(くば)るのと同じように　１８２本だと

□ 人に配れます。

⑦７ひきで３７円の魚は □ ひきでは１８５円です。

⑧８枚で９０円の色紙は □ 枚では２７０円です。

⑨４ℓ が１６２円のお茶は □ ℓ では８１円になる。

⑩６コが１３０円の　ドラやきは □ コでは３９０円になる。

注・⑨は倍の関係が逆になっています。

単位（13）　（11）と（12）の混合　　その１

①3分で２００ｍの速さで　１２分間歩くと時間が □ 倍になるので１２分では □ ｍ進む。

②４人に３５枚の画用紙を配るのと同じように７３５枚の画用紙を配りたい。画用紙の枚数は □ 倍になるので　人数も □ 倍になって、 □ 人に配れる。

③６枚で７５円の色紙は　１８枚では枚数が □ 倍になるので、１８枚では □ 円です。

④１９分で１４㎞の速さで　２５２㎞進むと道のりが □ 倍になるので２５２㎞進むのに □ 分かかる。

⑤8ℓ で３８０円のミルクは　１６ℓ では量が □ 倍になるので１６ℓ では □ 円になる。

単位（13）　（11）と（12）の混合　　その2

①4コで170円のチョコレートは、代金を［　　］倍の510円にすると、チョコレートの個数は［　　］コとなる。

②7ℓで115円のお茶は　460円では代金が［　　］倍になるので460円分のお茶は［　　］ℓになる。

③6コで235円のガムは　24コでは個数が［　　］倍になるので代金は［　　］円となる。

④5枚で36円の色紙は、252円では代金が［　　］倍になるので、252円分の枚数は［　　］枚です。

⑤2人のグループに125gのねんどを配（くば）るのと同じように10人のグループにねんどを配りたい。人数が［　　］倍になるので、ねんどの量も［　　］倍になって［　　］gとすればよい。

単位（13）　（11）と（12）の混合　　　その３

①５枚で７２円の色紙は　１５枚では［　　］円です。

②６分で２４０ｍの速さで　３分間歩くと［　　］ｍ進む。

③４ℓ で２５０円のミルクは　２８ℓ では［　　］円になる。

④９コが２００円のたこやきは［　　］コで６００円になる。

⑤３コで１７５円のガムは　１８コでは［　　］円となる。

⑥２９本のえんぴつを２人に配（くば）るのと同じように［　　］本だと１２人に配れます。

⑦［　　］ぴきで３００円の魚は　６ぴきでは１００円です。

⑧６ｍが３００円のリボンは［　　］ｍでは１５０円になる。

⑨１５ℓ が２７０円のお茶は［　　］ℓ では１０８０円になる。

⑩７コが２９０円の　ドラやきは［　　］コでは８７０円になる。

思考力算数練習帳シリーズ５　倍と単位当たり　解答　その１

頁	問	答え	式
1	①	5	50÷10
	②	2	50÷25
	③	5	100÷20
	④	4	100÷25
	⑤	3	120÷40
	⑥	4	120÷30
	⑦	2	16÷8
	⑧	6	48÷8
	⑨	4	80÷20
	⑩	7	140÷20
2	①	7	56÷8
	②	3	69÷23
	③	6	144÷24
	④	11	198÷18
	⑤	6	102÷17
	⑥	9	171÷19
	⑦	12	84÷7
	⑧	14	84÷6
	⑨	7	98÷14
	⑩	6	258÷43
3	①	800	400×2
	②	2800	400×7
	③	72	24×3
	④	104	26×4
	⑤	45	15×3
	⑥	115	23×5
	⑦	104	26×4
	⑧	175	35×5
	⑨	168	28×6
	⑩	129	43×3
4	①	500	250×2
	②	576	36×16
	③	135	27×5
	④	210	30×7
	⑤	225	45×5
	⑥	260	65×4
	⑦	141	47×3
	⑧	286	22×13
	⑨	212	53×4
	⑩	201	67×3
5	①	40	120÷3
	②	60	120÷2
	③	20	180÷9
	④	12	180÷15
5	⑤	20	160÷8
	⑥	34	204÷6
	⑦	35	420÷12
	⑧	36	828÷23
	⑨	21	399÷19
	⑩	60	480÷8
6	①	20	260÷13
	②	30	120÷4
	③	24	216÷9
	④	38	532÷14
	⑤	32	544÷17
	⑥	6	192÷32
	⑦	8	280÷35
	⑧	192	576÷3
	⑨	13	273÷21
	⑩	71	497÷7
7	①	16	240÷15
	②	6	222÷37
	③	108	36×3
	④	4	168÷42
	⑤	4	108÷27
	⑥	870	290×3
	⑦	280	20×14
	⑧	615	205×3
	⑨	11	198÷18
	⑩	632	79×8
8	①	880	220×4
	②	6	174÷29
	③	102	34×3
	④	560	80×7
	⑤	13	208÷16
	⑥	8	280÷35
	⑦	276	23×12
	⑧	125	25×5
	⑨	6	174÷29
	⑩	3	135÷45
9	①	4	60÷15
	②	28	420÷15
	③	6	156÷26
	④	36	216÷6
	⑤	18	612÷34
	⑥	52	832÷16
	⑦	24	696÷29
	⑧	34	578÷17
9	⑨	14	322÷23
	⑩	6	150÷25
10	①	5	70÷14
	②	20	680÷34
	③	36	468÷13
	④	15	360÷24
	⑤	5	360÷72
	⑥	12	744÷62
	⑦	32	224÷7
	⑧	9	189÷21
	⑨	24	120÷5
	⑩	4	180÷45
11	①	390	130×3
	②	5	35÷7
	③	24	408÷17
	④	144	24×6
	⑤	600	120×5
	⑥	6	180÷30
	⑦	16	400÷25
	⑧	810	270×3
	⑨	324	36×9
	⑩	32	480÷15
12	①	256	32×8
	②	2	30÷15
	③	324	54×6
	④	405	45×9
	⑤	4	52÷13
	⑥	68	34×2
	⑦	10	260÷26
	⑧	108	3×36
	⑨	3	18÷6
	⑩	97	776÷8
13	①	5	60÷12
	②	15	345÷23
	③	17	102÷6
	④	2	42÷21
	⑤	8	112÷14
	⑥	6	378÷63
	⑦	80	20×4
	⑧	4	72÷18
	⑨	245	35×7
	⑩	3	243÷81
14	①	6	228÷38
	②	5	145÷29

思考力算数練習帳シリーズ５　倍と単位当たり　解答　その２

頁	問	答え	式
14	③	456	38×12
	④	23	46÷2
	⑤	16	544÷34
	⑥	75	600÷8
	⑦	87	29×3
	⑧	6	390÷65
	⑨	13	169÷13
	⑩	4	244÷61
15	①	7	224÷32
	②	8	232÷29
	③	21	273÷13
	④	6	84÷14
	⑤	27	405÷15
	⑥	6	72÷12
	⑦	175	35×5
	⑧	3	72÷24
	⑨	294	42×7
	⑩	26	442÷17
16	①	25	700÷28
	②	11	671÷61
	③	98	14×7
	④	4	252÷63
	⑤	25	450÷18
	⑥	6	474÷79
	⑦	72	12×6
	⑧	6	450÷75
	⑨	17	289÷17
	⑩	31	744÷24
17	①	20	40÷2
	②	35	70÷2
	③	80	240÷3
	④	36	180÷5
	⑤	30	120÷4
	⑥	800	2400÷3
	⑦	45	90÷2
	⑧	80	480÷6
	⑨	80	960÷12
	⑩	5	35÷7
18	①	50	150÷3
	②	200	800÷4
	③	50	650÷13
	④	30	480÷16
	⑤	16	144÷9
	⑥	75	450÷6

頁	問	答え	式
18	⑦	70	840÷12
	⑧	27	108÷4
	⑨	8	24÷3
	⑩	8	40÷5
19	①	2	130÷65
	②	4	120÷30
	③	3	192÷64
	④	5	200÷40
	⑤	12	360÷30
	⑥	7	4200÷600
	⑦	4	68÷17
	⑧	4	360÷90
	⑨	14	490÷35
	⑩	23	138÷6
20	①	5	750÷150
	②	12	528÷44
	③	8	760÷95
	④	4	280÷70
	⑤	13	325÷25
	⑥	3	1650÷550
	⑦	11	495÷45
	⑧	4	500÷125
	⑨	16	384÷24
	⑩	8	96÷12
21	①	442	34×13
	②	675	135×5
	③	480	15×32
	④	840	140×6
	⑤	391	17×23
	⑥	609	87×7
	⑦	117	13×9
	⑧	520	65×8
	⑨	840	70×12
	⑩	57	3×19
22	①	560	80×7
	②	1280	160×8
	③	540	30×18
	④	255	85×3
	⑤	600	150×4
	⑥	1890	90×21
	⑦	52	4×13
	⑧	425	85×5
	⑨	960	120×8
	⑩	84	12×7

頁	問	答え	式
23	①	40	120÷3
	②	4	120÷30
	③	60	240÷4
	④	2	280÷140
	⑤	16	144÷9
	⑥	9	3600÷400
	⑦	20	240÷12
	⑧	60	420÷7
	⑨	13	715÷55
	⑩	27	216÷8
24	①	6	36÷6
	②	21	735÷35
	③	12	960÷80
	④	120	840÷7
	⑤	16	736÷46
	⑥	75	600÷8
	⑦	7	476÷68
	⑧	13	117÷9
	⑨	4	540÷135
	⑩	16	48÷3
25	①	336	28×12
	②	32	96÷3
	③	45	270÷6
	④	1380	230×6
	⑤	364	26×14
	⑥	540	2700÷5
	⑦	1440	90×16
	⑧	45	585÷13
	⑨	760	38×20
	⑩	4	32÷8
26	①	120	480÷4
	②	30	180÷6
	③	108	9×12
	④	43	258÷6
	⑤	1120	80×14
	⑥	1020	60×17
	⑦	60	540÷9
	⑧	520	65×8
	⑨	56	168÷3
	⑩	102	6×17
27	①	450	75×6
	②	12	180÷15
	③	13	78÷6
	④	855	95×9

思考力算数練習帳シリーズ5　倍と単位当たり　解答　その3

頁	問	答え	式	頁	問	答え	式	頁	問	答え	式
27	⑤	9	288 ÷32	31	⑨	560	40×14	36	②	35	245 ÷7
	⑥	847	77×11		⑩	5	80÷16			5	175 ÷35
	⑦	36	12×3	32	①	12	900 ÷75		③	70	280 ÷4
	⑧	3	135 ÷45		②	19	171 ÷9			18	1260÷70
	⑨	5	250 ÷50		③	450	150 ×3		④	80	640 ÷8
	⑩	28	4 ×7		④	40	520 ÷13			13	1040÷80
28	①	375	75×5		⑤	5	245 ÷49		⑤	65	260 ÷4
	②	13	390 ÷30		⑥	65	520 ÷8			13	845 ÷65
	③	256	32×8		⑦	96	6 ×16	37	①	36	288 ÷8
	④	16	448 ÷28		⑧	900	90×10			7	252 ÷36
	⑤	1690	130 ×13		⑨	9	630 ÷70		②	14	126 ÷9
	⑥	3	1200÷400		⑩	108	18×6			41	574 ÷14
	⑦	625	125 ×5	33	①	40	80÷2		③	15	105 ÷7
	⑧	3	324 ÷108			120	40×3			12	180 ÷15
	⑨	810	90×9		②	50	150 ÷3		④	75	300 ÷4
	⑩	20	120 ÷6			350	50×7			13	975 ÷75
29	①	360	30×12		③	60	300 ÷5		⑤	90	360 ÷4
	②	14	420 ÷30			780	60×13			7	630 ÷90
	③	400	2400÷6		④	70	420 ÷6	38	①	32	96÷3
	④	468	156 ×3			280	70×4			13	416 ÷32
	⑤	16	144 ÷9		⑤	120	960 ÷8		②	64	320 ÷5
	⑥	360	20×18			2040	120 ×17			8	512 ÷64
	⑦	16	48÷3	34	①	5	35÷7		③	25	275 ÷11
	⑧	2	380 ÷190			25	5 ×5			32	800 ÷25
	⑨	900	300 ×3		②	20	140 ÷7		④	55	660 ÷12
	⑩	18	144 ÷8			80	20×4			9	495 ÷55
30	①	9	405 ÷45		③	8	48÷6		⑤	120	480 ÷4
	②	216	36×6			72	8 ×9			5	600 ÷120
	③	24	120 ÷5		④	60	420 ÷7	39	①	65	910 ÷14
	④	3	216 ÷72			180	60×3			1105	65×17
	⑤	80	20×4		⑤	80	560 ÷7		②	55	330 ÷6
	⑥	3	105 ÷35			1680	80×21			23	1265÷55
	⑦	45	15×3	35	①	62	186 ÷3		③	135	405 ÷3
	⑧	60	420 ÷7			310	62×5			13	1755÷135
	⑨	10	600 ÷60		②	700	4900÷7		④	36	324 ÷9
	⑩	23	46÷2			6300	700 ×9			180	36×5
31	①	405	45×9		③	13	104 ÷8		⑤	95	285 ÷3
	②	7	91÷13			39	13×3			7	665 ÷95
	③	11	44÷4		④	20	340 ÷17	40	①	15	300 ÷20
	④	3	291 ÷97			460	20×23			29	435 ÷15
	⑤	1300	260 ×5		⑤	12	216 ÷18		②	50	800 ÷16
	⑥	4	2600÷650			132	12×11			650	50×13
	⑦	120	840 ÷7	36	①	24	96÷4		③	4	20÷5
	⑧	17	136 ÷8			13	312 ÷24			12	4 ×3

思考力算数練習帳シリーズ５　倍と単位当たり　解答　その４

頁	問	答え	式	頁	問	答え	式
	④	25	150 ÷6	43	③	4	20÷5=4 倍
		18	450 ÷25			252	63×4=252
	⑤	45	540 ÷12		④	5	20÷4=5 倍
		855	45×19			1875	375 ×5=1875
41	①	11	320 ÷5=64		⑤	3	9 ÷3=3 倍
			704 ÷64=11			3	500 ×3=1500
	②	300	420 ÷7=60			1500	
			60×5=30	44	①	640	10÷5=2 倍
	③	650	300 ÷6=50				320 ×2=640
			50×13=650		②	800	28÷7=4 倍
	④	13	280 ÷8=35				200 ×4=800
			455 ÷35=13		③	750	18÷6=3 倍
	⑤	450	375 ÷15=25				250 ×3=750
			25×18=450		④	1500	40÷8=5 倍
	⑥	169	91÷7=13				300 ×5=1500
			13×13=169		⑤	2250	18÷3=6 倍
	⑦	17	90÷6=15				375 ×6=2250
			255 ÷15=17		⑥	6	21÷7=3 倍
	⑧	252	90÷5=18				2 ×3=6
			18×14=252		⑦	100	6 ÷3=2 倍
	⑨	23	510 ÷15=34				200 ÷2=100　応用です
			782 ÷34=23		⑧	390	15÷5=3 倍
	⑩	13	390 ÷6=65				130 ×3=390
			845 ÷65=13		⑨	522	45÷15=3倍
42	①	2	4 ÷2=2 倍				174 ×3=522
		2	30×2=60		⑩	800	24÷6=4 倍
		60					200 ×4=800
	②	2	6 ÷3=2 倍	45	①	2	600 ÷300=2 倍
		2	50×2=100			4	2 ×2=4
		100			②	3	600 ÷200=3 倍
	③	3	6 ÷2=3 倍			21	7 ×3=21
		3	50×3=150		③	4	100 ÷25=4倍
		150				12	3 ×4=12
	④	4	8 ÷2=4 倍		④	5	620 ÷124=5 倍
		4	100 ×4=400			25	5 ×5=25
		400			⑤	4	172 ÷43=4倍
	⑤	5	15÷3=5 倍			4	27×4=108
		5	100 ×5=500			108	
		500		46	①	2	640 ÷320=2 倍
43	①	2	14÷7=2 倍			6	3 ×2=6
		840	420 ×2=840		②	9	855 ÷95=9倍
	②	3	21÷7=3 倍			54	6 ×9=54
		900	300 ×3=900		③	6	210 ÷35=6倍
						24	4 ×6=24

思考力算数練習帳シリーズ5　倍と単位当たり　解答　その5

頁	問	答え	式
46	④	13 221	403 ÷31=13 倍 17×13=221
	⑤	7 7 42	294 ÷42=7倍 6 ×7=42
47	①	12	400 ÷100=4 倍 3 ×4=12
	②	8	600 ÷300=2 倍 4 ×2=8
	③	8	500 ÷125=4 倍 2 ×4=8
	④	60	720 ÷120=6 倍 10×6=60
	⑤	21	448 ÷64=7倍 3 ×7=21
	⑥	84	182 ÷13=14 倍 6 ×14=84
	⑦	35	185 ÷37=5倍 7 ×5=35
	⑧	24	270 ÷90=3倍 8 ×3=24
	⑨	2	162 ÷81=2倍 4 ÷2=2　応用です
	⑩	18	390 ÷130=3 倍 6 ×3=18
48	①	4 800	12÷3=4 倍 200 ×4=800
	②	21 21 84	735 ÷35=21 倍 4 ×21=84
	③	3 225	18÷6=3 倍 75×3=225
	④	18 342	252 ÷14=18 倍 19×18=342
	⑤	2 760	16÷8=2 倍 380 ×2=760
49	①	3 12	510 ÷170=3 倍 4 ×3=12
	②	4 28	460 ÷115=4 倍 7 ×4=28
	③	4 940	24÷6=4 倍 235 ×4=940
	④	7 35	252 ÷36=7倍 5 ×7=35
49	⑤	5 5 625	10÷2=5 倍 125 ×5=625
50	①	216	15÷5=3 倍 72×3=216
	②	120	6 ÷3=2 倍 240 ÷2=120　応用です
	③	1750	28÷4=7 倍 250 ×7=1750
	④	27	600 ÷200=3 倍 9 ×3=27
	⑤	1050	18÷3=6 倍 175 ×6=1050
	⑥	174	12÷2=6 倍 29×6=174
	⑦	18	300 ÷100=3 倍 6 ×3=18
	⑧	3	300 ÷150=2 倍 6 ÷2=3　応用です
	⑨	60	1080÷270=4 倍 15×4=60
	⑩	21	870 ÷290=3 倍 7 ×3=21

M.acceess　学びの理念

☆学びたいという気持ちが大切です
勉強を強制されていると感じているのではなく、心から学びたいと思っていることが、子どもを伸ばします。

☆意味を理解し納得する事が学びです
たとえば、公式を丸暗記して当てはめて解くのは正しい姿勢ではありません。意味を理解し納得するまで考えることが本当の学習です。

☆学びには生きた経験が必要です
家の手伝い、スポーツ、友人関係、近所付き合いや学校生活もしっかりできて、「学び」の姿勢は育ちます。
生きた経験を伴いながら、学びたいという心を持ち、意味を理解、納得する学習をすれば、負担を感じるほどの多くの問題をこなさずとも、子どもたちはそれぞれの目標を達成することができます。

発刊のことば

「生きてゆく」ということは、道のない道を歩いて行くようなものです。「答」のない問題を解くようなものです。今まで人はみんなそれぞれ道のない道を歩き、「答」のない問題を解いてきました。

子どもたちの未来にも、定まった「答」はありません。もちろん「解き方」や「公式」もありません。

私たちの後を継いで世界の明日を支えてゆく彼らにもっとも必要な、そして今、社会でもっとも求められている力は、この「解き方」も「公式」も「答」すらもない問題を解いてゆく力ではないでしょうか。

人間のはるかに及ばない、素晴らしい速さで計算を行うコンピューターでさえ、「解き方」のない問題を解く力はありません。特にこれからの人間に求められているのは、「解き方」も「公式」も「答」もない問題を解いてゆく力であると、私たちは確信しています。

M.access の教材が、これからの社会を支え、新しい世界を創造してゆく子どもたちの成長に、少しでも役立つことを願ってやみません。

思考力算数練習帳シリーズ５
量　倍と単位あたり　新装版　（整数範囲）（内容は旧版と同じものです）

新装版　第１刷
編集者　M.access（エム・アクセス）
発行所　株式会社　認知工学
〒６０４—８１５５　京都市中京区錦小路烏丸西入ル占出山町 308
電話　（０７５）２５６—７７２３　　email : ninchi@sch.jp
郵便振替　０１０８０－９－１９３６２　株式会社認知工学

ISBN978-4-86712-105-4　C-6341　　A05240124G

定価＝ 本体６００円 ＋税

ISBN978-4-86712-105-4　C6341　¥600E

定価：(本体６００円)＋消費税

M.access エム・アクセス　認知工学

表紙の解答

1　　2ｍが　８０円の　リボンは　１ｍあたり

［４０］円なので、３ｍは　［１２０］円になる。
80 円÷２ｍ＝40 円　　40 円×３ｍ＝120 円

2　　３こが　１５０円の　たこやきは　１こ

［５０］円なので、７こでは　［３５０］円になる。
150 円÷３こ＝50 円　　50 円×７こ＝350 円

3　　１時間あたり　［５］km 進むと　３時間では
15km ÷３時間＝５km

１５km 進み　４時間では　［２０］km 進む。
５km ×４時間＝20km

松本　隆氏著作

『新考察「銀河鉄道の夜」誕生の舞台』

『童話「銀河鉄道の夜」の舞台は矢巾・南昌山』

を読んで